AF493920
A
B

VOYAGES

A TRAVERS LES

DAUPHINOIS

NOTES

SUR LE CARACTÈRE DES GENS DE LA PROVINCE

Patiemment recueillies

PAR

LE SIEUR AMÉDÉE **GUÉRIN**

PARIS

BIBLIOTHÈQUE CHACORNAC

11, Quai Saint-Michel

1889

IMPRIMERIE CENTRALE DES CHEMINS DE FER. — IMPRIMERIE CHAIX.
RUE BERGÈRE, 20, PARIS. — 29752-11-9.

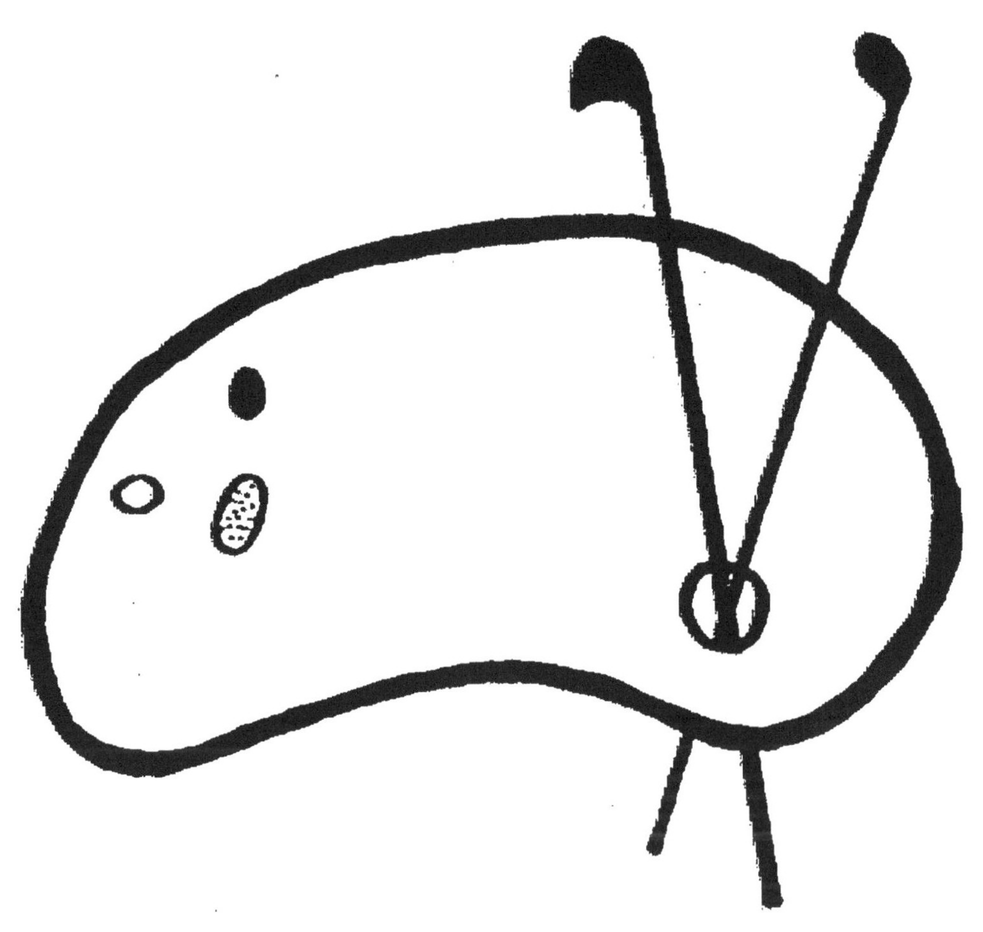

FIN D'UNE SERIE DE DOCUMENTS
EN COULEUR

CARACTÈRE

DES

DAUPHINOIS

VOYAGES

A TRAVERS LES

DAUPHINOIS

PAR

AMÉDÉE GUÉRIN

PARIS
BIBLIOTHÈQUE CHACORNAC
11, Quai Saint-Michel

1889

PRÉFACE DU COMPILATEUR

Il y a plusieurs façons de voyager ; la mienne ne présente ni dangers ni incommodités ; elle n'a rien à redouter des précipices affreux du Mont-Inaccessible et de la Barre des Arsines où les gentilshommes hardis vont se mesurer avec l'aigle et l'antilope, et même avec l'ours brun qu'on dit être plus méchant.

Cependant, j'étais bien jeune quand mon voyage a commencé ; j'aurais pu alors marcher sur les traces du fameux Hannibal, si je n'avais pas été élevé dans l'amour des bonnes routes, des lits frottés à la bassinoire, des repas réguliers et assurés, et si je n'avais pas, en sortant du collège, découvert un vénérable Belleforest dans une soupente de mon logis.

Ce que dit M. de Belleforest du caractère des Dauphinois m'intéressa autant que la découverte d'une île des Amériques ; je me récréai, dès ce moment, au cours de lectures auxquelles je m'appliquai fort, à copier toutes les appréciations que les auteurs faisaient de nous. A dire vrai, j'étais plus charmé de les trouver flatteuses que déplaisantes et je jugeai aussitôt que les premières étaient les seules vraies.

Mais afin de n'être point accusé de me confiner dans un parti-pris odieux chez un historien, ou de tromper, ce qui est bien la plus vilaine chose du monde, je me fis une loi de copier honnêtement le bon et le mauvais, avec la certitude d'élever à ma province un monument impartial, de ne pas me fatiguer la cervelle, que j'ai très faible, et de ne pas m'attirer des querelles que je redoute fort.

J'ai ainsi rassemblé peu à peu la substance de deux volumes comparables à ceux de l'illustre Chorier; mais, comme plus nous allons, et plus les hommes appréhendent la seule vue des livres épais et sérieux, j'ai dû me résigner à faire un choix intelligent et judicieux que j'ose présenter au public avant de retourner vers Dieu.

Le lecteur sera assurément frappé de l'attention que j'ai eue d'attribuer plus d'importance aux appréciations d'un esprit distingué comme M. Stendhal, ou d'un historien éminent comme M. Thiers, qu'aux rapsodies de quelques autres; aux jugements des rares écrivains qui ne dédaignent pas d'observer, plus qu'à ceux des voyageurs qui passent en diligence sans rien voir qu'eux-mêmes, sans ouïr d'autres propos que ceux des servantes d'auberges, et qui jouent tout au plus le rôle de la malle qui renferme leurs hardes.

Je ne sais pas ce que mes compatriotes penseront de mon travail, mais ce dont je suis assuré, c'est que je ne sais plus bien ce qu'il faut penser d'eux, tant les auteurs m'ont embrouillé les idées. J'ai cependant cru savoir autrefois qu'à Grenoble et à Valence les enfants étaient vifs, hardis et frondeurs; qu'ils avaient en haine le joug, l'injustice et l'inégalité; qu'ils possédaient un grand fonds de loyauté et de franchise, et que leurs physionomies reflétaient l'intelligence et la distinction.

J'avais remarqué encore qu'à Briançon on était grave, réfléchi, entêté, indépendant, le tout avec un gros grain d'orgueil; que la race était contemplative, silencieuse et résistante à la Grave et en Oisans; qu'on était gai en Vallouise comme à Embrun, et qu'à Vienne et à Grenoble on accueillait sans réflexion les étrangers.

Après avoir lu et relu mes notes accumulées, ma pensée s'est obscurcie, et nous ne sommes plus complètement d'accord que sur un point, c'est que les Grenobloises sont spirituelles et charmantes. Quant aux hommes, on prendra le soin de choisir dans les portraits qui vont suivre : les variantes ne manqueront pas d'embarrasser le pauvre lecteur.

Comme j'ai cru devoir, après de profondes réflexions, classer les auteurs par ordre chronologique, on pourra mieux voir comment les opinions changent, alors que la race est toujours la même ; on saisira aussi plus facilement comment les historiens se copient parfois avec commodité, je dirais avec effronterie, si je ne craignais de froisser quelques personnes sans le vouloir. J'ai fait plus, je les ai tous copiés moi-même, et j'y ai éprouvé peu de peine et beaucoup d'agrément.

A. GUÉRIN.

CARACTÈRE

des

DAUPHINOIS

MUNSTER ET BELLE-FOREST

1575

AUSSI de tout temps ce peuple a esté fort ialoux de sa liberté, et a deffendu au pris de son sang ses franchises est vaillant en guerre, cōstant à la poursuite de ses affaires, soigneux à cōserver le sien, et quoy qu'il ayt l'esprit grossier se ressentant vn peu de la rudesse montagnoise, et qu'il y ayt quelque barbarie farouche parmy les champestres, si est-ce que la noblesse, et les Bourgeois des villes y sont courtoys, affables, de bon et gentil esprit, capables des sciences, et sur tout des Mathématiques, curieux recercheurs des secrets naturels, libres honestement en parolle, peu dissimulez, et sociables, bien que haults à la main, et qui ne se laissent manier qu'à propos, et auec raison, mais qui auec icelle se paient, et ne s'esmeuuent trop legerement.

Valence. — Ie laisse les commoditez des viures qui abondent en cette ville, la bonté de l'air, gentilesse des citoiens, richesse du pays, si les troubles ne gastoyent tout, et si les diuisions ne causoyent des défiances.

Embrun. — Le peuple *Embrunoys* est doux, paisible, obeissant, non remuant ny cauteleux, adonné à labourer la terre, soigneux de son mesnage, et aymant sa conscience, et salut d'icelle, et pource fort constant deffenseur de la religion Catholique.

La Cosmographie vniverselle de tout le monde, auteur en partie Mvnster, mais beaucoup plus augmentée, ornée et enrichie par François de Belle-Forest.

Paris, chez Michel Sonnius, 1575.

ZINZERLING

1612

Les *Dauphinois* ne peuvent souffrir aucun joug, et se montrent terribles contre l'ennemi; ils entendent assez bien les affaires lorsqu'ils ne sortent pas de chez eux; mais ils se laissent facilement attraper par leurs voisins. Les campagnards sont lourds, stupides et bouchés. Les nobles et les habitants des villes sont polis, dépourvus de toute arrogance, aimables et vifs, sans que leur gravité en souffre, et très bien organisés pour l'étude des sciences.

Jodoci Sinceri Itinerarium Galliæ, Amsterdam, Jansson, 1649. Trad. de Th. Bernard. La première édition est de 1612 : *Itinerarium Galliæ et finitimarum regionum*. Lyon.

CHATEAUNIÈRES DE GRENAILLE

1628

LES *Dauphinois*, à en parler generalement, sont fort affectionnez à leur Prince, mais fort jaloux, et soigneux de leur liberté, constants à la poursuite de leurs affaires, soigneux à conseruer le leur. Les habitans des villes y sont courtois, affables, et de bon et gentil esprit, capables des sciences, et surtout des Mathématiques, curieux rechercheurs des secrets naturels, libres en parole, et sociables, mais vn peu dissimulez, et hauts à la main, ayans bonne opinion d'eux-mesmes, et se vantans volontiers. Que si nous voulons voir ce peuple plus particulierement, il le faudra diuiser en celuy des montagnes, et celuy du plat-pays. Celuy des montagnes est rude, et grossier, peu né aux lettres, et propre aux armes, et sur tout adonné au trafic, et au trauail. Ces montagnars ont vne coustume, qu'ainsi que l'Hyuer approche, ils enuoyent au loing ceux qui sont capables de trauailler, tellement qu'il ne demeure au logis que les vieilles gens. et les enfans qui ne peuuent marcher, ou gagner leur vie. On appelle *Bics*, ou *Bisoüards*, tous ceux qui vont dehors, et qui reuuiennent à Pasques : et quelquefois ces *Bics* qui sont penibles, et pour pluspart accorts. deuiennent riches marchands auec leur espargne. Quant à la Noblesse des montagnes, elle se sentoit autresfois de la rudesse de sa demeure : mais maintenant qu'elle practique *Grenoble*, elle ne doit guere en gentillesse à celle du plat-pays, qui est aussi accomplie en toute chose, qu'aucune qu'on puisse voir en tout le reste de la France. Celle des montagnes est aussi fort espargnante, et tasche d'auoir du bien en plusieurs sortes, principalement par le moyen du bestail qu'elle nourrit, ou bien que celle du plat-pays, qui est gentille, et genereuse. despence son reuenu honnestement, et se fréquente plus qu'aucune qui soit en France ; et pour conclure, toute la Noblesse se soustient au possible, de sorte qu'encores qu'au fort de la guerre un Gentil-homme soit logé dans une foible maison au milieu d'vn bois, il arriuera peu souuent qu'on luy aille faire de l'ennuy, pourueu qu'il ait bien sçeu viure auparauant auec ses voisins : elle est aussi toute vaillante, et courageuse. Pour le regard du peuple du plat-pays, il est plus ciuilisé que celuy des montagnes : mais il aime fort peu le trauail, principalement aux lieux fertiles, et se plaist extrémement à la faineantise. Il est courtois, et respecte fort les Gentils-hommes, qui y ont autant de pouuoir qu'en pays de France. On peut tirer des montagnes de bons soldats, mais il ne s'en tirera pas de moindres du plat-pays, où les personnes semblent presque aussi peu nées aux lettres, qu'aux montagnes. Les hommes n'y sont pas si aspres au gain qu'ailleurs, et se contentent, pourueu qu'ils puissent couler leur iours sans incommodité : non pas qu'il n'y en ait quelques vns qui bruslent d'auarice, aussi bien qu'aux autres contrées ; mais ce que ie dis, c'est ce que l'on y practique d'ordinaire. A *Grenoble*, et aux autres bonnes villes, comme à *Vienne*, *Valence*, *Romans*, les femmes se plaisent fort d'estre parées ; et depuis quelque temps ceste vanité s'est glissée par toute la Prouince. Ie diray ce mot à la louange des Damoiselles de *Dauphiné*, que l'on en voit fort peu en France qui les égalent en esprit et gentillesse, et que parmy leur franchise et familiarité, qui est fort grande, elles ont l'honneur en recommandation sur toutes les femmes du monde : tellement que c'est presque une merueille d'ouyr parler d'vne femme qui face l'amour au desauantage, et au préiudice de sa réputation.

[illegible]*ts, empires et principautez du monde*, par le sieur L. [illegible] V. Y. (Chateaunières de Grenaille).

Rouen, Ovyn et Caillov, 1628.

D'AVITY ET RANCHIN

1637

LES *Daufinois* sont de grand esprit, curieux et capables des sciences de toutes sortes, particulierement des Mathematiques, industrieux, laborieux et épargnans. Ils cherchent la besogne et l'employ loin de leur maison, comme ceux de *Gap*, qui au tems de la moisson vont en Arles et autres lieux : Ceux de la montagne peuuent estre plus rudes, aucuns toutefois qui sont voisins d'*Ambrun* sont assez bons, et cōme on dit, n'ont rien de grossier que la robe, estans assez communicatifs. Les *Briansonnois* sont les plus robustes et penibles du pays, ménagers chez eux et allans en diuers endroits de la Chrestienté pour trauailler les six mois de l'année et en raporter des sommes d'argent dans leurs maisons. Ils se sçauent seruir des armes, et s'y estudient dés leur jeunesse, capables d'en abuser entr'eux pour leurs querelles particulières, et de se porter à d'autres excez dōt on les accuse. L'industrie et le trauail du *Daufinois* montagnard paroissent au grand nombre de petits marchands qui vont et s'épandent par toute la France auec leurs paquets et boutiques portatiues, où ils gagnent leur vie, qu'ils font semblant de quester, et deuiennent par fois bien riches, sans courre fortune de faillir ou faire banqueroute. Les habitās du pays sont generalement fort amateurs de leur liberté, constans en leurs poursuites, courtois et affables dans les villes, toutesfois gens de bon cœur et hardis : La Noblesse y est accomplie et genereuse, comme issuë de familles anciennes et valeureuses, fort respectée à la campagne, où elle a beaucoup de pouuoir. Les femmes sont fort parées dans les villes, et les Dames y ont quelque franchise et gentillesse particulière, où elles tesmoignent leur esprit, et ont beaucoup de soin de leur honneur et de la reputation qu'elles ont d'vne bonne nourriture.

Description generale de l'Evrope, par François Ranchin.
Paris, chez Clavde Sonnivs, 1637.

JEAN DE BEINS

1638

LES habitans ont bonne opinion d'eux mesmes, et sont grands amateurs de leur liberté, laquelle ils doibvent à Dieu, et à leur noblesse; ils sont assez industrieux, et accorts en leurs affaires, toutefois ils se laissent tromper à leurs voysins; les villageois et paysans sont pour la plus part asses grossiers; mais la noblesse, et ceux qui demeurent dans les villes, sont grandement courtois, et duicts à toute sorte de bien séance, ils ne sont nullement arrogans, ni desdaigneux, ils ont un naturel jovial, un esprit esveillé et gaillard, tousjours accompaigné de gravité, ils sont propres à toute sorte de sciences, nommément à la Mathématique, et se plaisent grandement à la recherche de secrets de la nature.

Carte et description générale de Davphiné avec les confins des Pais et Provinces voisines, le tout Racourcy et réduict par Iean de Beins. (Titre du texte : *Le Daulfiné*). Amstelodami, H. Hondins excudit.

BONNE-CASE

1664

Les *Dauphinois* sont fort affectionnez à leur Prince, constans en la poursuite de leurs affaires, courtois et affables, de gentil esprit, capables des sciences, mais dissimulez, et hauts à la main.

Au reste, les femmes y sont fort civiles, ayant l'honneur en recommandation.

Tableau des Provinces de France, par Alcide de Bonne-Case.

Paris, Loyson, 1664.

LE PAYS

1665

DANS un livre (1) que seuls les bibliophiles connaissent encore aujourd'hui, bien qu'il ait eu de son temps plus de quinze éditions en deux ans, Le Pays, « ce bouffon plaisant », comme l'appelle Boileau, nous a conservé une esquisse de la société *grenobloise* au XVIIe siècle et de ses goûts littéraires. Cette ville, dit-il, est habitée « par les gens du monde les plus civilisés et les plus polis. Les hommes y ont de l'adresse et de l'esprit infiniment. Les femmes y sont bien faites et, quoique montagnardes, n'ont point l'humeur ni d'ourses ni de tigresses, et l'on n'a point encore vu qu'elles aient étranglé ni déchiré personne. Au reste, quoiqu'on soit ici loin de Paris,

(1) *Amitiez, amours et amourettes*, par M. Le Pays, 3e édition, Grenoble, 1665, in-12.

l'humeur de Paris ne laisse pas d'y régner. On y aime la propreté, l'éclat et la magnificence. La galanterie et l'esprit y paraissent plus qu'en lieu du monde. On dit même que parmi les hommes il s'en trouve beaucoup qui écrivent admirablement en prose et en vers, et parmi les dames quelques-unes qui s'en mêlent, et plusieurs qui en connaissent la beauté et la délicatesse. On dit de plus qu'en l'un et l'autre sexe, il se fait grand commerce de fleurettes et de soupirs, et qu'on y a une si grande connaissance de ces deux sortes de marchandises, qu'on y juge d'abord si les fleurettes sont de bale, ou façon de maître, de la Cour ou de la province. »

Histoire de Grenoble, par A. Prudhomme. Grenoble, Gratier, 1888.

PHILIBERT BRUN

FIN DU XVII SIÈCLE

LE *Dauphiné*, étant situé entre le quarante-quatrième et le quarante-sixième degré, est précisément au milieu de la zone tempérée, et par conséquent doit être le pays du monde le plus tempéré; d'où il suit encore que les *Dauphinois* doivent être tres modérez, étant seur que les qualités d'un climat entrent ordinairement dans le tempérament de ceux de cette contrée. Comme donc les *Dauphinois*, par l'assiette de leur pays, sont entre la Provence du côté du Midy, et l'Italie du côté de l'Orient, leur tempérament est aussi mitoyen entre le flegme des Italiens et le feu des *Provençaux;* et comme les qualités mitoyennes entre deux qualités opposées ont quelque chose de l'une et de l'autre, comme par exemple la tiédeur, qui est un état mitoyen entre le froid et le chaud, a quelque chose de l'un et l'autre; de mesme les *Dauphinois* ont quelque chose de ce flegme italien qui fait les sages, et quelque chose du feu des *Provençaux* qui donne de la vivacité et de la pointe, sans avoir rien du raffinement des premiers, ni des boutades des seconds.

Des Dauphinois. Eclaircissement extrait de Philibert Brun, publié et annoté par Honoré Pallias. Lyon, Mougin-Rusand, 1888.

BOUCHU

1698

Naturel des habitans, leurs inclinasions et leurs coutumes.

IL y a generallement parlant de l'Esprit en *Dauphiné* et même assez délié. Quant à l'Industrie, elle paroist être particulièrement réservée pour ceux du Bailliage de *Briançon* qui avec des commencemens les plus foibles qu'on puisse s'imaginer acquièrent assez communément des richesses considérables par le commerce qu'ils vont faire indifféramment en France, en Espagne, en Portugal et en Italie. Ce sont aussi les plus laborieux ; ceux de la plaine n'en approchent pas en aucune manière, d'où il arrive que les habitans du Bailliage de *Briançon* qui sont obligez de se passer des choses necessaires à la vie que leur pays ne produit qu'en très-petite quantité sont néanmoins pécunieux et les habitans de la plaine, au contraire, dans un pays fertille ét abondant le sont fort médiocrement.

Le caractère le plus commun du pays (car il y a plusieurs personnes en qui on trouveroit autant de probité de seureté et d'ouverture de cœur que dans un autre pays) est d'être fin et caché au point qu'il n'y a pas de moyen plus seur de les surprendre sur une chose que l'on a envie de faire que de leur dire sans affectation trois mois auparavant qu'on la fera, car comme ils ne nous auroient jamais parlé d'une chose qu'ils auroient eu en veue de faire, ils n'ont pas de plus fort argument pour se persuader que vous ne la ferez pas que celui de vous avoir ouy dire que vous la feriez.

Il y a asses peu de liaison d'amitié entre les gens du *Dauphiné* et en revanche il y a très peu d'inimitiez jusqu'à la rupture, de manière qu'ils demeurent toujours les uns à l'égard des autres dans un état susceptible de pouvoir se rechercher plus ou moins à proportion que l'exige leur interêt, auquel on ne croie pas qu'il y aie de pays ou il y ayt une plus vive attention.

Mémoire concernant la généralité de Dauphiné, dressé par M. Bouchu, alors Intendant.

(Manuscrit de ma collection (1).

(1) Ce manuscrit diffère notablement de celui inséré dans l'ouvrage ci-après; il renferme notamment le détail de la population. (Note du compilateur.)

BOUCHU

1698

L'AUTEUR assure encore qu'en général les Habitans du *Dauphiné* ont de l'esprit, mais il avouë que le caractère n'en est ni aimable ni poli : il dit que l'industrie est particulièrement le partage des peuples du *Briançonnois* lesquels ordinairement avec les plus foibles commencemens que l'on puisse imaginer, acquiérent par leur application des richesses considerables : le moyen qu'ils employent communément à cette fin est le commerce, qu'ils vont faire indifféremment, en France, en Italie, en Espagne et même en Portugal, étant d'ailleurs laborieux et oeconomes au souverain degré.

L'infertilité de leur Païs, qui refuse à leurs travaux des récoltes médiocres, les engage à la necessité de se passer de beaucoup de choses ou de se les procurer par le trafic. Au contraire des Habitans de la Plaine, que l'abondance rend paresseux, de sorte qu'on ne peut faire aucune comparaison de la force pécuniaire entre les uns et les autres, tant il est vrai que la Providence distribue les talens à proportion des besoins.

Au reste le caractère ordinaire des *Dauphinois*, à l'exception néanmoins d'un petit nombre auxquels on peut rencontrer autant de droiture, de seureté et d'ouverture de cœur qu'en aucune autre Province, est d'être fin et caché : le moyen le plus seur de les surprendre, est de les avertir de ce qu'on veut faire quelque tems avant d'y travailler, ils sont si éloignez d'une semblable confiance qu'ils ne sçauroient la concevoir dans les autres et ils la prennent toujours au contrepied.

D'ailleurs il y a aussi peu de liaison d'amitié entre les particuliers que de haines formées, ils demeurent les uns à l'égard des autres dans une disposition toujours susceptible des mouvements de tendresse ou d'aversion, qu'ils veulent lui donner, et qui leur donnent toûjours par rapport à leur intérêt, n'y ayant, selon l'Auteur, aucun Païs où l'on y ait plus d'attention qu'en celui-ci.

Extrait du memoire de la generalité de Dauphiné dressé par ordre de monseig' le duc de Bourgogne en l'an 1698, par monsieur Bouchu, Intendant. Dans l'ouvrage: *Etat de la France*, par monsieur le comte de Boulainvilliers, Londres, chez T. Wood et S. Palmer, 1727, in-folio et 1752, in-12.

D'ALQUIÉ

1699

LES habitans y sont fort affectionnés à leur Prince ; mais fort jaloux de leur liberté, ils sont constans dans leurs résolutions, et attachés à leurs intérêts. Les habitans des villes sont fort civils aux Etrangers, bons, de bel esprit, propres pour les Sciences, amateurs des Mathématiques, curieux des beaux secrets de la Nature, fort libres en paroles, fort sociables, hauts à la main ; pleins d'estime d'eux-mêmes, dissimulez, vaillans, et qui ne se lassent jamais de se loüer eux-mêmes. La Noblesse y est fort-bien-faite, généreuse, liberale et dont les sentimens sont tous nobles, le peuple du plat païs est plus civilisé, que celuy qui habite les montagnes, mais aussi il est plus fainéant et plus adonné à ses plaisirs.

Les femmes et les filles sur tout à *Grenoble*, à *Valence*, à *Vienne*, à *Romans*, etc., y ont une extraordinaire attache pour être bien ajustées, en quoi elles ne sont pas blâmables, au contraire on les doit estimer de ce qu'elles veulent se rendre parfaites en tout : car je puis dire sans flatter ces Dames, et sans prétendre choquer les autres, qu'il n'y a peut-être pas de païs en France, où les personnes du Séxe soient si bien-faites, ny aient un esprit si accompli que celles-cy, dont l'entretien soit si doux, et où la joye, la liberté, et l'honneur régnent également et avec tant de douceur.

— Les *Dauphinois* sont fidelles au Roy, jaloux de leur liberté, constans à la poursuite de leurs affaires et soigneux à conserver le leur. Ils sont courtois, capables des sciences, désireux de sçavoir les Mathématiques, et amoureux des secrets naturels, libres dans leurs discours, sociables ; mais un peu dissimulés :

entretenés - les conformément à leur humeur, et vous aurés d'eux tout ce qu'il vous plaira.

Les Delices de la France, ou Description des Provinces et Villes Capitales d'icelle. Amsterdam, chez Pierre Mortier, 1699.

DE FER

1705

LES *Dauphinois.* — On conte dans cette Province cinq cent quarante trois mil cinq cent quatre vingt cinq Ames de tous sexes.

Les habitans sont Laborieux, bons Ménagers et Ingénieurs à faire fortune dans le commerce.

Description du Dauphiné par M. de Fer. Paris, chez l'auteur, 1705.

LA BLOTTIÈRE (DE)

VERS 1710

Les *Briançonnois* sont extrêmement laborieux, fins, dissimulés, et beaucoup intéressés, et il y a peu de nation qui aille mieux à ses fins.

Ils sont ennemis de la dépendance et ont l'esprit beaucoup républicain ; une marque de l'inclination qu'ils ont pour l'indépendance, c'est que, dans tout le Briançonnois, il n'y a pas un seul gentilhomme, s'estant tous rachettez de leurs seigneurs, ou s'estant servis des temps de guerre et de confusion pour s'en deffaire ; pour la seconde preuve, s'il ce rencontre dans un endroit deux personnes d'autorité, ils ne manquent jamais de s'adresser à la plus éminente en caractère, quoy que persuadéz que leur affaire roulle directement sur l'autre et qu'elle luy sera renvoyée.

Quoique, par l'escarton, il semble que ces peuples soient d'une grande liaison, cependant, de particulier à particulier, il ne se trouve pas plus d'union parmy eux qu'ailleurs, même moins ; mais, d'abord qu'il s'agit de l'intérêt publicq, ceux qui estoient prest à se battre et qui se dechiroient par des calomnies outrageantes, se réunissent à l'instant et paroissent d'une concorde admirable ; cela fait qu'il a très peu d'affaires, quelqu'épineuses qu'elles soient, dont ils ne viennent à bout.

Ils sont extrémement formalistes et ont trés peu de confiance les uns aux autres ; ce qui fait qu'ils ne traitent d'aucune affaire sans escrire, précaution d'autant plus utile entr'eux que, d'un moment à l'autre, ils ne font pas façon de se dédire de leur parolle donnée publiquement ; et cela est sy fort en ûsage qu'ils ne se donnent méme pas la peine de chercher une excuse pour justifier leur procédé.

Les habitants de *Briançon* sont encore plus raffinés que les autres parce qu'elle est comme le centre où la subtilité des uns et des autres s'unit.

La vivacité de l'air contribue beaucoup à celle de leur esprit, qui se trouve en plusieurs personnes sy excessive qu'elle dégénère en follie; mais on peut dire qu'il se rencontre dans cette ville et ses dépendances quantité de bons esprits, propres aux lettres et au maniement de toutes sortes d'affaires qu'ils sçavent traiter avec beaucoup de dextérité et de fermeté.

Au surplus, ils affectent de paroistre officieux envers les estrangers, leur faisant mille avances d'honnesteté et offres de services; mais, d'abord qu'ils reconnoissent qu'on ne peut leur estre d'aucune utilité ou que même ils ont tiré d'un homme ce qu'ils souhaitaient, il semble qu'ils ne le reconnoissent plus et sont prest à luy faire pièce à la première occasion; après quoy, s'ils ont encor besoin de cette même personne, ils retourneront à elle par vingt courbettes et plusieurs marques d'une fausse cordialité, par laquelle ils sçavent décevoir les gens même plusieurs fois. Ce pays est sans contredit le centre de l'ingratitude.

Le Briançonnais au commencement du XVIIIe siècle. (Extrait des mémoires de La Blottière publié par M. Albert de Rochas dans le *Bulletin de la Société d'Études des Hautes-Alpes* tome Ier, 1882.

VERS 1710

GRENOBLE. — Cette ville est assez peuplée; ses habitans sont naturellement polis et spirituels, mais fort attentifs à tout ce qui regarde leur intérêt.

Embrun. — Les habitans de cette ville ont naturellement de l'esprit, mais ils ne l'emploient qu'à la chicane et aux procès qui fait leur occupation.

Briançon. — Les *Briançonnois* ne manquent pas d'esprit; le luxe est bani de cette espèce de République et la frugalité y règne perpetuellement.

Montélimar. — L'on trouve de l'esprit chez les habitans, mais peu de talens pour le commerce.

Idée générale de la Province de Dauphiné. (Manuscrit de ma collection.)

PIGANIOL DE LA FORCE

1718

LES *Dauphinois* ont generalement parlant de l'esprit, et sont même assez déliez.

Ceux du Bailliage de *Briançon* s'appliquent fort au commerce, mais ceux de la plaine se bornent à joüir tranquillement des productions de leur païs. Le caractère des uns et des autres en général est d'être fins et cachez. Il y a entre eux peu de liaison d'amitié, mais aussi leurs inimitiez vont rarement jusqu'à la rupture, et sont toujours susceptibles de raccommodement lorsque l'intérêt le demande.

Nouvelle description de la France, par M. Piganiol de La Force. Paris, Delaulne, 1718.

NOBLOT

1725

Il y a dans ce pays un très-grand nombre de Gentilshommes dont le métier ordinaire est la guerre.

Les gens du vulgaire y sont adroits, civils et officieux, amis des cérémonies et des compliments.

On les accuse d'avoir bonne opinion d'eux-mêmes, d'aimer les procès et de n'être pas les plus sincères du monde.

Géographie universelle historique et chronologique ancienne et moderne, par M. Noblot. Paris, Osmont, 1725.

GROSLEY

1764

LA réserve italienne et le flegme allemand regnent dans le commerce des *Generois*, entr'eux et avec les Etrangers : si quelqu'un d'eux y met quelque chose de françois, c'est moins la politesse françoise que la courtoisie du *Dauphiné*.

Observations sur l'Italie et sur les Italiens, données en 1764 sous le nom de deux gentilshommes suédois. Londres, 1770.

CARACCIOLI

1772

CETTE Province qui a donné son nom aux héritiers présomptifs de la Couronne, ne laisse pas, quoiqu'environnée de montagnes, d'avoir beaucoup d'agrémens.

Grenoble est le séjour de la meilleure société. Il y a des manières, de l'esprit, de la raison et une finesse qu'on prendroit presque pour de la ruse.

Si la dissipation n'avoit pas pris un ascendant sur les esprits, *Grenoble* seroit une des villes où l'on cultiveroit les Sciences avec le plus de succès. Les *Dauphinois* ont toutes les dispositions propres à devenir savans.

La noblesse illustre leur pays. On y trouve une multitude d'anciennes Maisons, mais qui n'ont souvent que de vieux parchemins.

Son retour le conduisit à *Vienne,* où

il ne vit qu'une belle cathédrale ; à *Valence*, où il ne trouva qu'une agréable situation ; à *Ambrun* où il ne rencontra que quelques sociétés monotones ; à *Briançon* où il n'apperçut que quelques vieux Militaires économisant leurs pensions et leur santé.

Il s'arrêta dans quelques autres villes qui pour le bruit pouvoient se comparer au trictrac. On s'informoit de tout, on rapportoit tout ; c'est le sort des petits endroits. Ils ressemblent à des ruches qui bourdonnent et qui piquent.

Voyage de la Raison en Europe, par l'Auteur des Lettres récréatives et morales. (Caraccioli.)
Compiègne, Bertrand, 1772.

SAUGRAIN

1778

LES *Dauphinois* en général sont civils et affables aux Étrangers; cette civilité s'étend même jusqu'aux plus rustiques; car il est assez commun de voir un Laboureur quitter sa charrue pour remettre un Étranger dans son chemin. La passion du sexe est d'être paré et ajusté. Les hommes sont rusés et un peu plaideurs.

Nouveau Voyage de France par M. L. R. (Saugrain).
Paris, chez les libraires associés, 1778.

ALBERT

1783

QUOIQUE l'on fasse dans le *Briançonnois* bien de petites histoires sur la simplicité des habitans de *Cervières*, comme l'on en fait dans l'*Embrunois* sur celle des habitans de *Crevoulx*, il faut néanmoins convenir que *Cervières* a produit et produit encore tous les jours de grands hommes d'un vaste génie qui assurément ne sont point simples.

— Mais dans le *Briançonnois* l'on pense encore comme l'on pensoit anciennement. L'on y fait plus de cas d'un homme qui a de la vertu et du mérite que de celui qui sans mérite et sans vertu serait chargé de tous les titres de noblesse.

Histoire géographique, naturelle, ecclésiastique et civile du diocèse d'Embrun, par M..., 1783.

VILLARS

1787-1804

LES sciences naturelles étaient ma tâche; les fertiles campagnes qui entourent *Grenoble*, les vastes montagnes et les torrens qui l'avoisinent, l'industrie de ses habitans, leur goût, les plus heureuses dispositions pour l'étude et l'aménité de caractère propre aux *Grenoblois*, soutenaient mon zèle, suppléaient à la faiblesse de mes moyens.

Mémoires sur la topographie et l'histoire naturelle, par D. Villars.
Lyon, Reymann, an XII.

— Les Habitans de *la Berarde* sont doux, affables et hospitaliers; ils sont honnêtes, confians, plutôt curieux qu'inquiets du sujet qui amène des voyageurs dans un pays isolé et presque ignoré.

Extrait d'un Mémoire contenant le récit d'un voyage fait en Oizans et à la Berarde en Dauphiné, pendant le mois de septembre 1786, par M. Villars.
Paris, Cuchet, 1787.

DELAPORTE

1790

ILS ont en général de l'esprit, sont prudens, sages, intelligens et fort économes. L'industrie est principalement le partage des peuples du *Briançonnois*, qui s'appliquent fort au commerce.

Mais ceux de la plaine se bornent à jouir tranquillement des productions que la terre leur donne.

— *Briançonnais*. — Les habitans de ce canton ont généralement de l'esprit et de l'activité. Ils trouvent dans leur industrie des ressources que leur refuse le sol ingrat qu'ils cultivent.

Le Voyageur françois ou la Connoissance de l'ancien et du nouveau monde. Voyage de France mis au jour pâr M. D... (l'abbé Delaporte).

Paris, Moutard, 1790.

FARNAUD

1799-1807

On ne croit pas inutile d'ajouter ici quelques réflections sur le caractère moral des habitans des *Hautes-Alpes*. Ils sont naturellement bons, spirituels et industrieux : les deux premières de ces qualités peuvent tenir à l'influence du climat; quand à la troisième, elle est fille de la nécessité.

— On n'imagine pas qu'il existe dans la République un département où les habitans soient plus doux, plus humains, plus affables, que dans cette contrés : ce qui s'y est passé pendant la révolution en est une preuve sans réplique.

— Le terroir de *Briançon* et du *Briançonnais* est ingrat ; mais les habitans sont extrêmement laborieux, économes, et appliqués au commerce, ce qui supplée amplement à leurs besoins : ils ont l'esprit vif, ardent pour la cause commune; mais d'ailleurs honnêtes, sans dissimulation.

Almanach du Département des Hautes-Alpes pour l'an huitième.

Gap, Allier.

— Les habitans ont beaucoup d'esprit naturel.

— En général, le caractère de l'habitant est apathique. L'on remarque cependant qu'il a pris quelque énergie, en ce qui concerne les travaux de la campagne. Il est connu pour une finesse qui, peut-être, va trop loin.

Lettres à Eraste ou Annuaire du Département des Hautes-Alpes pour 1807.

Gap, Allier, 1807.

BONNAIRE

1802

Hautes-Alpes.

AU milieu de ce climat presque sauvage, on trouve des mœurs douces, de la sociabilité, une teinte heureuse de caractère.

— S'il y règne de la lenteur dans les esprits, de l'apathie même, les habitans ont eu, du moins, assez de sagesse pour ne voir que les orages.

— Malgré ce commencement de démoralisation, qu'il faut déplorer, le département des *Hautes-Alpes* est cependant un de ceux qu'on aimerait le plus à habiter, sous les rapports de l'urbanité et de l'heureux naturel des habitans.

Mémoire sur la statistique du département des Hautes-Alpes, par le citoyen Bonnaire.

Gap, Allier, An IX.

PERRIN-DULAC

1806

Les habitants de *Grenoble* ont l'esprit fin et subtil; ils saisissent facilement ce qu'on leur propose, et se trompent rarement sur les résultats. Dans l'usage ordinaire de la vie, ils sont affables et honnêtes; ils accueillent les étrangers avec empressement, et leur témoignent même une sorte d'intérêt dont se louent tous ceux qui les ont fréquentés. Vifs, ardents, faciles à exalter, ils ne reviennent que difficilement sur ce qu'ils ont cru avantageux et bon. Leur conduite, au commencement de la révolution, a prouvé leur amour pour l'indépendance et la vraie liberté. Celle qu'ils ont tenue pendant les momens les plus orageux, a fait connaître qu'ils savaient s'arrêter au point où la liberté dégénère en licence, et l'indépendance en anarchie.

Le goût des sciences et des arts est naturel aux habitans de *Grenoble*. Il n'est pas rare d'y trouver des ouvriers qui raisonnent de leurs métiers, avec une justesse supérieure à celle des artisans des autres Départemens de l'Empire. Les femmes y sont d'une société douce, et joignent aux agrémens de l'esprit une tournure très-agréable. Elles aiment beaucoup à se réunir, et paraissent préférer les plaisirs bruyans à ceux qu'elles pourraient goûter dans l'intérieur de leurs maisons, qu'elles savent cependant embellir par tout ce que la décence et la modestie ont de plus aimable. *Grenoble* est peut-être une des villes de France qui ait fourni un plus petit nombre de matériaux à la chronique scandaleuse.

Description générale du Département de l'Isère, par M. Perrin-Dulac.

Grenoble, Allier, 1806.

VAYSSE DE VILLIERS

1813

LES *Grenoblois*. — Les habitants de *Grenoble* sont généralement réfléchis et spirituels, mais avec quelque chose de cette finesse qu'on reproche aux *Dauphinois*, et de ce ton railleur qu'on reproche à certaines villes de province.

Ils cultivent avec succès les arts, les lettres et les sciences, et ont fourni aux assemblées nationales plusieurs orateurs distingués, parmi lesquels on distingue *Mounier* et *Barnave*.

— C'est cette industrie qui leur a fait attribuer, par des voisins jaloux de leur supériorité en ce genre, une extrême finesse qui est peinte dans certain proverbe, et qui n'est peut-être autre chose qu'un esprit fécond en ressources.

Les habitants de l'*Isère* ne sont pas

seulement spirituels, ils sont encore réfléchis et profonds; ils sont aussi d'une trempe énergique, et ils l'ont prouvé à diverses époques. Leur parlement a souvent montré du caractère. Tout le pays en a montré lors de la Révolution. Il a fourni nombre d'orateurs aux diverses assemblées nationales, surtout à la Constituante.

L'énergie physique est la compagne ordinaire de l'énergie morale; dignes héritiers des *Allobroges*, ancien peuple dont ils faisaient partie, les habitants de l'*Isère* sont fortement constitués, et d'un naturel guerrier. Aussi fournissent-ils à nos armées de beaux et bon soldats.

— Les *Briançonnais* sont en général spirituels, actifs et industrieux. Propres à tous les commerces, ils paraissent s'adonner particulièrement à celui des livres.

Les habitants des villes voisines leur reprochent une finesse extrême, qui n'est pas peinte sous des couleurs avantageuses dans le proverbe suivant, plus malin qu'exact :

« *Il faut*, dit-on, *trois Juifs pour tromper un Grenoblois, et trois Grenoblois pour tromper un Briançonnais.* »

Description routière et géographique de l'Empire français, par R. V. (Vaysse de Villiers.)
Paris, Potey, 1813.

LADOUCETTE

1820-1848

L'HABITANT du *haut Dauphiné* a le caractère apathique, mais susceptible de ressort.

Histoire, antiquités, usages, dialectes des Hautes-Alpes, par un ancien Préfet.

Paris, Hérissant le Doux, 1820.

— Le *Briançonnais* particulièrement déteste la trahison. Il a conservé un tel souvenir de celle du connétable de Bourbon, dont l'Italie fut le théâtre, que lorsque dans une partie de jeu il voit un partenaire trahir l'autre, « *tu fais Bourbon* », s'écrie-t-il.

(Même ouvrage.)

Paris, Gide, 1848.

ALBERT MONTÉMONT

1821

Le *Grenoblois* est brave, généreux, mais un peu trop susceptible. Il est d'une prévenance et d'une amabilité rares envers les étrangers. Cependant, comme il a l'esprit fin et moqueur, et que rien n'échappe à sa pénétration, ils doivent bien se garder de faire la moindre gaucherie ; elle serait vite relevée, le sel de l'épigramme pleuvrait sur eux, et ils seraient accablés de traits mordants qui leur feraient de profondes blessures.

Les *Dauphinoises* ont de la grâce et de la vivacité; elles sont en général espiègles et très volages. On voit parmi elles des tailles fines, des tailles massives, des Hébés, des Vénus, et même des cruelles Dianes,

> Dans leurs cœurs déniant toujours
> Un asile aux tendres amours.

Les missionnaires en ont converti quelques-unes ; et, en apprenant à aimer Dieu, elles ont dû apprendre à aimer leur prochain.

— Les *Briançonnais* sont très industrieux et non moins rusés. Ils ont beaucoup d'instruction. Dans ces montagnes, où l'on respire un air si pur, l'amour de la liberté se fait vivement sentir, et les visirs de province n'y ont que très peu d'influence.

— Gifflingue promit vainement
Le fier Briançon à la tombe :
Des habitants le dévoûment
Est à l'épreuve de la bombe.

Voyage aux Alpes et en Italie, ou Lettres en prose et en vers, par Albert-Montémont.
Paris, Lelong, 1821.

DE JOUY

1822

A *Chorges*, j'avais dîné avec des instituteurs; à *Embrun*, j'ai soupé avec une bande d'écoliers qui venaient de passer les vacances chez leurs parens, et retournaient les uns à *Gap*, les autres à *Grenoble*, pour reprendre leur place sur les bancs de l'école. Cette jeunesse m'a paru moins remarquable par le sel et la vivacité de ses saillies que par son bon sens et son inaltérable gaîté.

— Le *Haut-Dauphiné* produit des hommes d'un caractère doux et modéré, partant peu de ce qu'on appelle des grands hommes; car ce n'est que par de violents efforts qu'on parvient à se faire une grande réputation, dans quelque genre que ce soit.

— *Briançon*, ville de garnison et de

passage, ne compte cependant pas plus de trois mille habitans ; mais il y a plus d'industrie, plus d'instruction que dans les autres villes du département.

— Il faut le dire aussi, pour encourager le zèle philanthropique des propagateurs de l'instruction populaire, dans l'arrondissement de *Briançon*, il n'est guère de paysans qui ne sachent lire, et il s'y commet infiniment moins de crimes relativement à sa population, qu'en aucun autre arrondissement de France. Pendant tout le dix-huitième siècle, il n'y a pas eu une seule tentative d'assassinat, pas une seule accusation capitale.

L'Hermite en Province, par M. de Jouy.
Paris, Pillet, 1822.

A. THIERS

1823

Le caractère des physionomies change. Ce n'est plus le front large et plat, le nez épaté, les grandes lèvres des *Savoyards*, c'est encore la taille des montagnards, forte et assez épaisse ; mais les traits sont moins gros, les visages plus animés.

— *Grenoble* est une ville dont l'intérieur n'a rien d'attrayant que le bon visage de ses habitants.

— *Grenoble* renferme une population forte et calme, mais essentiellement indépendante, parce qu'elle est montagnarde, et industrieuse. Ses intérêts sont fixes comme son commerce ; elle ne vend aujourd'hui que ce qu'elle vendait autrefois, des gants, des toiles, des bestiaux, etc. ; elle a peu varié dans ses affections, et ne les a pas portées de gouvernement en gouvernement, comme beaucoup d'autres populations dont les intérêts étaient mobiles. Elle a toujours préféré celui qui lui paraissait promettre le plus de liberté, et aujourd'hui, comme du temps de son *Mounier*, qu'elle honore avec respect et dont elle possède encore un frère, elle protégerait les parlemens contre des intendans de province et des garnisons.

L'habitude d'avoir des régimens dans ses murs fait qu'elle sait se faire respecter. Les militaires conviennent que si nulle part on ne les accueille mieux, nulle part aussi on ne souffre moins la morgue des uniformes. Le voisinage de l'étranger rend comme partout les *Grenoblois* extrêmement français, car nulle part on ne trouve plus de patriotisme que sur les frontières.

— Je n'ai vu en aucun lieu autant qu'à *Grenoble* cette indifférence pour le résultat de ses paroles, qui est si ordinaire à Paris; je ne l'ai vue au même degré que dans les pays partagés et fortement passionnés.

— On parle à *Grenoble* les fenêtres ouvertes, à voix haute, et on ne craint pas dans les auberges d'être entendu du voisin. On y censure même hautement l'autorité locale ; j'ignore si elle a la modération des magistrats de Genève ou des États-Unis ; mais je sais bien que si les mêmes magistrats demeuraient long-temps à Grenoble, ils acquerraient bientôt la première vertu du pouvoir, la patience et la soumission à la critique.

— Les *Provençaux* qui tous les jours voient chez eux des habitans des hautes et basses Alpes, faire leur fortune par leur intelligence et leur économie, et changer bientôt leur bure en beau drap, disent avec dépit qu'ils n'ont que l'*habit* de grossier.

Les Pyrénées et le midi de la France pendant les mois de novembre et décembre 1822, par A. Thiers.

Paris, Ponthieu, 1823.

1826

BRIANÇON. — Ils sont intelligents; ils se livrent facilement au commerce et y sont très-fins pour tromper car l'on dit qu'*il faut sept Juifs pour tromper un Genois et sept Genois pour tromper un Briançonnais*. Remarquez en même temps qu'on laisserait sa bourse sur le comptoir où l'on vient de vous vendre une mauvaise marchandise, elle vous serait rendue à l'instant; on n'entend jamais parler de vols. Il y a même peu d'années qu'il y a des portes aux jardins; celles des maisons sont souvent ouvertes pendant la nuit sans le moindre danger.

Manuscrit inédit de ma collection. 1826.

A. HUGO

1835

Les habitants des *Hautes-Alpes* sont bons, actifs et laborieux; patients dans les travaux, durs à la fatigue. L'âpreté du climat les rend grossiers et rudes; néanmoins ils ont de l'intelligence, de l'esprit et le goût de l'étude. Leur vie sévère les dispose à la charité. Malgré leurs émigrations annuelles, ils ont, pour leur pays, beaucoup d'attachement, ce qui leur rend le service militaire pénible, quoique d'ailleurs ils soient hardis et courageux. Leurs mœurs sont austères et pures.

L'habitant des montagnes est adroit et prévoyant; il entend bien ses intérêts, on l'accuse même d'être rusé et de pousser parfois l'économie jusqu'à l'avarice; néanmoins il est compatissant pour les malheureux, charitable pour les pauvres, et prévenant pour les étrangers, envers lesquels il exerce l'hospitalité aussi généreusement que sa position le lui permet.

La sobriété lui est naturelle; sa nourriture est peu recherchée; mais on lui reproche d'être un peu porté à l'ivrognerie.

— Les *Dauphinois* ont généralement une imagination vive, une intelligence prompte, un caractère ardent et irascible. On les accuse d'être fins et astucieux, sans doute parce que, défiants avec les étrangers, ils craignent d'être pris pour dupes, et tâchent toujours en affaires de mettre la balance des avantages de leur côté. Cependant ils ont réellement de la douceur et de la bonhomie. Ils sont tendres et affectueux dans leurs affections de famille, polis et affables dans les relations de société; ils pratiquent l'hospitalité avec prévenance et franchise. Peu ambitieux, modérés dans leurs désirs de fortune, ils poussent quelque fois très loin leurs habitudes d'économie, tout en aimant beaucoup les divertissements et les réunions consacrées au plaisir. — La bonne opinion qu'ils ont d'eux-mêmes les fait paraître hardis et résolus. — Ils sont, dans leurs entreprises, actifs, laborieux, patients et même opiniâtres; aptes à toutes choses, propres au commerce, à l'industrie, à la culture des lettres et des arts, ils réussissent plus particulièrement dans l'étude des sciences naturelles. — Ils parlent avec facilité, avec netteté, et sont souvent éloquents dans leurs gestes et dans leurs paroles. — La fermeté de leur caractère se montre dans leurs affections; ils sont également fidèles à leurs opinions politiques et à leurs amitiés privées. — Le courage est naturel chez eux, et à toutes les époques ils ont fourni des hommes de guerre distingués, de braves soldats et d'habiles généraux.

— *France pittoresque* ou Description pittoresque, topographique et statistique des Départements et Colonies de la France, par A. Hugo.

Paris, Delloye, 1835.

DELACROIX

1835

Les habitans du département de la *Drôme* sont, en général, d'une taille moyenne, mais bien proportionnée; leur teint est d'un brun clair, leur voix douce, leur accent net, quoique un peu traînant; leurs traits ont de la régularité; leur physionomie est mêlée de douceur et de vivacité, de finesse et de franchise. Ils sont agiles et robustes.

L'historien de la province a écrit que, spirituels et judicieux, ils étaient propres à tout ce qu'ils voulaient entreprendre, mais que, chez la plupart, la prudence dégénérait en dissimulation.

Moreri a redit, d'après *Chorier*, qu'ils étaient adroits, ingénieux, amis des cérémonies et des complimens.

J'ignore ce qu'il y avait de vrai dans ce tableau à l'époque déjà fort éloignée où il fut tracé; ce qui m'a toujours paru vrai, c'est qu'ils ont de la bienfaisance, qu'ils sont affables, laborieux et économes; ils ont de l'esprit naturel, et se sont toujours distingués sur le champ de bataille. Je dois le dire, toutefois, les traits les plus saillans du caractère des gens de la campagne, et des montagnards surtout, sont l'intérêt et la crainte. Ces deux sentimens les rendent artificieux et circonspects, soupçonneux et méfians; il ne faut pas toujours s'en rapporter à leur bonhomie, qui n'est souvent qu'apparente, et ce pourrait bien être le reste de cet ancien type qui avait porté quelques auteurs à mal parler du caractère dauphinois; mais ce qui était alors la règle n'est aujourd'hui que l'exception.

Statistique du département de la Drôme, par M. Delacroix. Valence, Borel, 1835.

VICTOR PISSIS

1836

EMPREINTE d'un vigoureux génie de résistance et d'opposition, la population de *Grenoble* fut, dans tous les temps, un des meilleurs remparts de la France contre l'invasion. Là, on aime le pays, et l'on hait l'étranger, et on sait mourir pour elle.

Hommes rudes et énergiques, esprits sévères et positifs, âmes fortement trempées d'orgueil national et de vertu guerrière, les *Dauphinois* sont, à tous égards, un des peuples les plus intéressants de notre France.

—Passionnés pour la liberté, ils repoussèrent, dans tous les temps, les excès de la démagogie, et quand les échafauds couvraient le reste de la France, au temps désastreux de 1793, les *Dauphinois,* qui, quatre ans plus tôt, avaient donné le signal de la Révolution, surent garder chez eux cette révolution pure, ou du moins l'empêcher de devenir sanglante.

Souvenirs et Impressions de voyage, par Victor Pissis. Paris, Gosselin, 1836.

HENRI BEYLE

1838

LES *Grenobloises.* — Ces dames de *Grenoble* étaient charmantes, et il me faudrait bien des pages pour peindre leur amabilité d'une façon un peu ressemblante. Elle est bien plus piquante et à la fois bien plus naturelle que celle de Paris; il y a un fonds de bon sens et de malice qui souvent embarrasse.

— Une chose rend le caractère *dauphinois* bien plaisant au XIXe siècle, c'est son inaptitude complète à l'hypocrisie, j'entends l'hypocrisie *passive;* car pour la partie active de ce grand savoir-vivre à la mode, il s'en tire aussi bien et mieux que qui que ce soit, le Parisien toujours excepté. Mais enfin il est absolument contre la nature du *Dauphinois* d'être *dupe.* De sorte que, même en fléchissant le genou devant la plus triomphante des hypocrisies, il ne peut s'empêcher d'encourir sa haine en montrant, par quelque détail imprudent, qu'il n'est pas sa dupe (1).

— Mon guide m'a montré en passant à *Corenc* une maison recrépie à neuf. — *En voilà encore un!* m'a-t-il dit avec humeur. Il s'agit d'un couvent. Les paysans du *Dauphiné* se figurent que les prêtres, religieuses, frères ignorantins, etc., cherchent à détruire cette révolution qui a changé leurs haillons en bonnes vestes de ratine. Quand ils aperçoivent de loin un frère ignorantin dans la campagne, et ne voyant point de gendarmes à portée, ils imitent le cri du corbeau.

— Valence, le 11 juin (1837). La bonhomie, le naturel que j'avais déjà cru

(1) C'est à *Briançon* que Stendhal a écrit cette page en 1837; elle débute ainsi :

Briançon, le ..... août.

Forteresse singulière, garnison où l'on s'ennuie. On ne peut être assiégé que pendant les quatre mois d'été.

remarquer à *Vienne* éclatent bien plus encore à *Valence;* nous voici tout à fait dans le midi. Je n'ai jamais pu résister à cette impression de joie. C'est l'antipode de la politesse de Paris, qui doit rappeler avant tout le respect que se porte à elle-même la personne qui vous parle et celui qu'elle exige de vous. Chacun ici, en prenant la parole, songe à satisfaire le sentiment qui l'agite, et pas le moins du monde à se construire un noble caractère dans l'esprit de la personne qui écoute, encore moins à rendre les égards qu'il doit à la position sociale de cette personne. C'est bien ici que M. de Talleyrand dirait: *On ne respecte plus rien en France.*

— Après le *bourg d'Oysans* on arrive à *Briançon;* la terre de ce pays est couverte de neige ou gelée pendant cinq mois de l'année. Les paysans se répandent dans les villages de la Provence et de la partie la moins froide du Dauphiné; ils enseignent à lire aux enfants; plusieurs montrent même les premiers éléments du latin; on leur donne pour cela la nourriture et cinq ou six sous par jour. Ces *Bits* ne me semblent rien moins qu'aimables, ils sont réservés, taciturnes, excessivement prudents, étrangers à tout entraînement et seraient très-propres à faire de bons prêtres.

Mémoires d'un touriste, par l'auteur du Rouge et du Noir. Bruxelles, Hauman, 1832.

B. CHAIX

1845

Le *Dauphinois* n'aurait-il pas été mal jugé par les trois mots, *fin, fourbe et courtois;* quoi qu'il en soit, c'est le *dictum* persistant.

Préoccupations statistiques, géographiques, pittoresques et synoptiques du département des Hautes-Alpes, par B. Chaix.

Grenoble, Allier, 1845.

MADAME CAMILLE LEBRUN

1848

SA femme et ses filles, excellentes ménagères, comme le sont les *Dauphinoises* de toutes les classes sans exception, aidaient à la préparation des repas.

— Doué d'une intelligence presque universelle des sciences et des arts sérieux, d'une remarquable facilité d'élocution et d'une finesse d'esprit que son caractère indépendant et conséquemment loyal retient seul sur les limites de la ruse, le *Dauphinois* réunit toutes les qualités qui constituent le causeur par excellence; et comme, d'ailleurs, il a la conscience de ses avantages, il n'est point empêché d'en tirer parti par cette fausse timidité qui prend sa source dans un excessif amour-propre saturé de méfiance.

Le Dauphiné, par madame Camille Lebrun.
Paris, Amyot, 1848.

A. GUILBERT

1848

GRENOBLE. — Mais si les avantages de sa position militaire lui ont surtout assuré cette proéminence sur les autres villes du Dauphiné, le génie de ses habitants n'a pas été au-dessous de sa fortune : doués d'un esprit énergique, généreux, progressif, les *Grenoblois,* depuis la réunion de leur pays à la France, se sont toujours distingués par une passion presque républicaine pour l'indépendance et la liberté. Ils tiennent, par leur caractère et leurs habitudes, encore plus du montagnard que du citadin. Aussi les solides et brillantes qualités de cette noble race lui méritent-elles l'honneur d'être comptée au petit nombre des populations qui ont conservé une forte individualité, à une époque où les caractères distinctifs de la plupart de nos villes se sont graduellement effacés dans l'unité ou plutôt dans l'uniformité générale des esprits.

EUGÈNE FAURE

1848

GAP. — Les mœurs des habitants de *Gap* n'offrent aucun de ces traits saillants qui donnent une physionomie originale à un pays. Simples de cœur, mais non pas d'esprit, intéressés sans être défiants, les *Gapençois* sont de bons et braves montagnards.

— Les *Dauphinois* sont vifs et intelligents; leur caractère est ardent et irascible; ils passent pour être fins et rusés, mais au fond ils ont de la bonhomie et de la douceur. Polis, affables et hospitaliers envers les étrangers, ils se montrent tendres et constants dans leurs affections de famille. Ils sont d'humeur sociable et aiment les plaisirs; ils sont actifs, laborieux, patients et industrieux. Connus dans tous les temps par leur courage et leur amour de la liberté, ils ont fourni à toutes les époques de braves soldats et des généraux habiles.

Histoire des villes de France avec une introduction générale pour chaque province, par M. Aristide Guilbert, Paris, Furne, 1848.

ROUSSILLON

1854

Le montagnard de l'*Oisans* conserve dans tout son être l'empreinte de son origine.

— Il est intelligent, parce que sa pensée est sans cesse surexcitée par tout ce qui l'entoure; il est laborieux, parce que le travail est une nécessité pour lui; il est intrépide et courageux, parce qu'il est souvent menacé dans ses jours; il est religieux enfin, jusqu'à la superstition même, parce que, dominant l'humanité sur ses montagnes, il se sent en quelque sorte plus près de Dieu. Son isolement le rattache à cette humanité par les qualités affectives; il est bon, affable, généreux, hospitalier pour les étrangers; mais s'il les reçoit avec plaisir, il les voit s'éloigner sans envie pour les contrées meilleures où ils retournent ; car il aime son pays et le préfère à tout autre, quelque ingrat qu'il soit pour lui.

Les habitants de *la Grave*. — Mais en compensation des avantages du sol qu'elle leur a refusés, la nature donna à ses habitants une intelligence et une sagacité particulières, qui leur font trouver ailleurs des ressources et même la fortune. Actifs et industrieux entre tous les montagnards de *l'Oisans*, ceux-ci se vouent plus spécialement encore au commerce hivernal.

Guide du voyageur dans l'Oisans, par J.-H. Roussillon. Grenoble, Maisonville, 1854.

TAULIER

1855

Les *Dauphinois* sont robustes, actifs, patients, intrépides, industrieux. Chez eux la bonté du cœur, les nobles sentiments savent s'allier avec la réserve et la prudence. Leur bravoure est proverbiale, ainsi que leur amour pour la science et la liberté.

Histoire du Dauphiné depuis les temps les plus reculés jusqu'à nos jours.

Grenoble, Vellot, 1855.

MALTE-BRUN

1855

Il y a dans les mœurs, dans le langage et dans le costume des habitants de la *Drôme*, quelque chose des vieux *Celtes*, leurs ancêtres ; ils portent la *braye* comme eux, et comme eux encore ils sont gais, vifs, vaillants, hospitaliers, actifs et laborieux. Cependant, si le citadin se ressent davantage des rapports de ce pays avec le midi, qui l'avoisine, le paysan et le montagnard, par une bonhomie qui n'exclut pas la finesse et la ruse, semblent se rapprocher des *Normands*. Ainsi que la Normandie, en effet, le Dauphiné est le pays des procès.

La France illustrée, par V.-A. Malte-Brun.
Paris, Barba, 1855.

FISSONT ET A. VITU

1856

Le *Dauphinois*, écrivait Henri Beyle,
« (Stendhal), a une manière de sentir à
» soi : vive, opiniâtre, raisonneuse, que
» je n'ai rencontrée dans aucun pays.
» A *Valence*, sur le Rhône, la nature
» provençale finit ; la nature bourgui-
» gnonne commence à *Valence*, et fait
» place, entre Dijon et Troyes, à la
» nature parisienne, polie, spirituelle,
» sans profondeur, en un mot, songeant
» beaucoup aux autres. La nature dau-
» phinoise a une ténacité, une profon-
» deur, un esprit, une finesse que l'on
» chercherait en vain dans la civilisa-
» tion provençale et dans la bourgui-
» gnonne, ses voisines. Là où le *Pro-*
» *vençal* s'exhale en injures atroces, le
» *Dauphinois* réfléchit et s'entretient avec
» son cœur. Tout le monde sait que le

» Dauphiné a été un état séparé de la » France, et à demi-italien par sa po» litique, jusqu'à l'an 1349. Ensuite, » Louis XI, dauphin brouillé avec son » père, administra ce pays pendant plu» sieurs années; et je croirais assez que » c'est ce génie profond, mais profondé» ment timide, et ennemi des premiers » mouvements, qui a donné son empreinte » au caractère dauphinois. »

Stendhal aurait pu dire encore, pour ajouter à la ressemblance et à l'impartialité du portrait, que le *Dauphinois*, s'il se distingue par une prudence égale à celle de Louis XI, possède aussi la bravoure personnelle dont ce prince donna des preuves comme dauphin contre les Anglais, et comme roi contre les conjurés de la ligue du bien public. Quoique de race essentiellement militaire, le *Dauphinois*, le *Grenoblois* surtout n'est point querelleur ni batailleur. Se croit-il lésé, il étudie profondément son affaire, la creuse en tous sens, la discute longuement et ne se laisse jamais convaincre; mais il reste toujours maître de lui, n'injurie pas son adversaire, et garde cette courtoisie, cette obséquiosité de formes qui le distingue si particulièrement.

Quoique très-préoccupé de ses intérêts, le *Dauphinois* accorde la plus grande confiance aux étrangers; ceux-ci pourront s'en apercevoir après quelques instants de séjour à Grenoble.

— Les habitants de l'*Oisans*. — Le caractère des habitants est bon, affable, généreux et hospitalier.

Guide pittoresque et historique du voyageur dans le Département de l'Isère et les localités circonvoisines, par P. Fissont et Auguste Vitu

In-12. Grenoble, Ferary, 1856.

FAUCHÉ-PRUNELLE

1856

BRIANÇON. — Nous trouverons dans ce berceau, dans cet asile d'indépendance antique et moderne, des enfants vigoureux et fortement constitués, dont la tête, de bonne heure pensante .et intelligente, a bientôt appris à lire, écrire, calculer et commercer; .....des hommes à poitrine forte et à cœur haut placé et brûlant, quoique sur un sol de glace.

— Voilà, en quelques mots, le tableau du Briançonnais, pays de nature rude et indépendante comme le tempérament physique, comme le caractère moral de ses habitants; pays où l'arbitraire et la féodalité n'ont jamais pu prospérer ni s'acclimater; pays qui a longtemps brillé comme un foyer de liberté, comme un phare d'indépendance élevé à la sommité des Alpes, au-dessus des flots envahissants de la domination romaine dans lesquels il a vu s'engloutir et disparaître à ses pieds les dernières lueurs, les derniers restes des nationalités gauloise et allobrogique.

Essai sur les anciennes institutions autonomes ou populaires des Alpes Cottiennes-Briançonnaises, par A. Fauché-Prunelle.

Grenoble, Prudhomme, 1856-57.

HERVIER ET SAINT-LAGER

1861

GRENOBLE est le foyer d'un mouvement intellectuel fort important.

— De l'avis général, le séjour de *Grenoble* est un des plus agréables de France, soit à cause de l'urbanité de ses habitants, soit à cause de la position exceptionnelle de cette ville dans une contrée des plus pittoresques.

Guide aux eaux minérales du département de l'Isère et aux Alpes dauphinoises, par les Docteurs Hervier et Saint-Lager.

Grenoble, Maisonville, 1861.

MOURRE ET ROUSTAN

1861

LES habitants des *Alpes*, par un travail opiniâtre et intelligent, tirent du sol tout ce qu'il peut produire. Ils sont braves, belliqueux, animés d'un patriotisme ardent, amis de l'instruction et généralement économes. Dans les hautes vallées où le climat est âpre et le sol ingrat, vit une population aux mœurs primitives, patriarcales, profondément religieuse, sobre, hospitalière et n'ayant de rude que l'extérieur.

Géographie méthodique des cinq parties du monde, contenant en particulier la description topographique et une notice historique du département des Hautes-Alpes, par Mourre et Roustan.

Gap, Jouglard, 1861.

CHARRONNET

1861

La population des *Alpes*, par son caractère et ses antécédents, était préparée à accueillir favorablement la Réforme religieuse. Le peuple *dauphinois*, sérieux, sévère et raisonneur, peu enthousiaste de sa nature, avait déjà donné à la chrétienté des hérétiques célèbres, il devait en donner encore.

Les Guerres de Religion et la Société protestante dans les Hautes-Alpes, par Ch. Charronnet.

Gap, Jouglard, 1861.

A. MACÉ

1861

GRENOBLE. — Dans les rapports des différentes classes entre elles, on ne trouve pas, comme dans d'autres villes, la morgue d'une part, la servilité et la bassesse de l'autre; la politesse, les prévenances sont réciproques. Aussi, n'y a-t-il pas à *Grenoble* ces sentiments de jalousie, d'envie, de sourde haine du pauvre à l'égard du riche, qui sont une des causes principales des bouleversements sociaux. La population *grenobloise* est fortement attachée aux grands principes de la Révolution, auxquels elle comprend qu'elle doit son aisance, son instruction, son bien-être; mais les instigateurs de désordre et d'agitations stériles prêcheraient en vain au milieu d'elle; son amour de l'ordre et son bon sens l'ont mise, dans des moments difficiles, et la mettront toujours, à l'abri des folies du socialisme et du communisme, quelque masque qu'elles puissent prendre. Les étrangers eux-mêmes vérifient facilement la vérité de ces observations; dans les magasins où ils entrent, ils trouvent la même politesse qu'à Paris; dans les rues, toute personne à qui ils pourront s'adresser se dérangera de son travail et de son chemin pour leur donner les renseignements dont ils ont besoin; ils verront énormément de cafés, il est vrai, et, en général, des cafés bien remplis; mais ils remarqueront aussi que, pour la plupart de ceux qui les fréquentent, le soir, après leur travail, ce sont des lieux de réunion et de causeries, et il leur arrivera bien rarement de trouver des gens ivres, plus rarement encore d'entendre de ces rixes, de ces tapages, de ces disputes, de ces scènes de violence, malheureusement si communes dans la plupart des autres villes.

Grenoble, par Antonin Macé.
Grenoble, Maisonville, 1861.

FRANCIS WEY

1862

GRENOBLE. — La population qui l'habite est remarquablement intelligente, spirituelle et courtoise. Caustiques et de vaillante humeur, les gens de *Grenoble* sont d'une extrême politesse, qui procède moins de leur douceur naturelle que du poli des mœurs et de l'éducation. On trouve, au milieu d'eux, des égards, des prévenances; une réserve, une discrétion qui surprennent, surtout dans la classe inférieure.

— Chaleureux panégyriste de ses administrés, M. le préfet, au foyer duquel je retrouvais l'hospitalité d'un ami, nous édifiait sur les mœurs *dauphinoises*, que caractérisent l'esprit pratique, la lucidité, l'intelligence des affaires. Mais Mme Tupinier, qui avait, pour des emplettes, couru les magasins, questionné à droite et à gauche, et fureté partout avec son activité parisienne, objectait l'égoïsme au fond de la civilité et une certaine cupidité qui, dans le commerce de détail, se trahit par l'exploitation usuraire, quoique pateline, des étrangers. J'ajoutai que trop éclairés sur leurs intérêts, les *Dauphinois* sont processifs à l'égal des *Normands* et trop fins pour n'être pas subtils. Nos hôtes combattirent ces préventions sans les détruire.

Dick Moon en France. Journal d'un Anglais de Paris, par Francis Wey.

Paris, Hachette, 1862.

ARISTIDE ALBERT

1868

GRENOBLE. — Il est à présumer que l'esprit de retour s'était singulièrement effacé dans les sentiments du jeune montagnard pendant ce long séjour dans une cité où la nostalgie est, pour les étrangers, une affection du cœur inconnue ; qui exerce un si grand empire de séduction par l'incomparable beauté de la contrée qui l'entoure, par la proverbiale urbanité de ses habitants, et pour ceux qui aiment et cultivent les choses de l'esprit, par l'atticisme du goût littéraire, par le charme des relations sociales dans un tel milieu.

Essais d'Antoine Froment. Préface et notes par Aristide Albert.

Grenoble, Allier, 1868.

JULES VERNE

1868

LES habitants des *Hautes-Alpes* sont énergiques, mais rebelles aux progrès. Les vieux usages ont encore toute leur puissance chez eux.

L'hospitalité y est pratiquée avec empressement.

— Le caractère *dauphinois* est empreint d'une grande fierté et d'un vif amour de l'indépendance; c'est le pays des vertus montagnardes, la franchise, l'hospitalité, la hardiesse, le respect de soi-même et des autres; l'habitant des villes comme celui des campagnes a son franc parler; il critique hautement ce qui lui paraît critiquable, il n'a aucune servilité dans l'esprit ; il est fort, il est calme, et par-dessus toutes choses, il aime la liberté.

— Les habitants du département de la *Drôme* ont le caractère gai et vif; ils sont actifs, travailleurs mais irascibles ; ils ont conservé dans leurs mœurs beaucoup des Celtes, leurs ancêtres ; leur hospitalité est franche et généreuse dès qu'ils ont pu surmonter une défiance naturelle envers les étrangers ; peut-être sont-ils un peu processifs et apportent-ils dans le maintien de leur droit une opiniâtreté excessive, mais ils forment une brave et vaillante race, apte à comprendre les beautés de la science et des arts ; ils ont au plus haut point la religion du foyer domestique et l'amour de la patrie. Ce sont eux qui ont fourni les premiers volontaires aux armées de la République, et pendant les guerres de l'Empire, les plus célèbres demi-brigades étaient formées avec les enfants du Dauphiné.

Les *Dauphinois* ont pris aux *Proven-*

çaux la facilité d'élocution, la phraséologie, l'abondance de gestes et l'éloquence naturelle qui les distingue.

Geographie illustrée de la France et de ses colonies, par Jules Verne.

Paris, Hetzel, 1867-68.

BARETTI

1873

LA population de *Briançon* est assez courtoise et a une certaine physionomie patriarcale qui plaît.

— L'habitant de *Briançon* éveille la sympathie par sa franchise, par sa courtoisie; telle fut du moins l'impression que j'éprouvais. *Briançon* veut dire : la ville du courage et de la liberté : « *Briançon* e sinonimo di citta corragiosa, di citta libera ».

Otto Giorni nel Delfinato.
Turin, Candeletti, 1873.

J. DE SÉRANON

1880

LES habitants du *Queyras* ont, au surplus, bien des qualités pour réussir dans le combat de la vie. Ordre, économie, amour du travail, habitudes religieuses, voilà ce qui les caractérise.

— Ils sont, de plus, intelligents et ils ne négligent rien pour développer, avec leur foi religieuse, la culture de l'esprit.

Notes de voyage. La Durance, ses vallées, ses affluents, par J. de Séranon.

Marseille, Olive, 1880.

FRANCISQUE SARCEY

1885

C'EST une bien jolie et bien aimable ville que *Grenoble,* et les environs en sont admirables. Il est impossible, quand on y entre pour la première fois, de ne pas être séduit et comme grisé par cet air d'animation fine et élégante qui est une des grâces de la population dauphinoise, par la vue de ces montagnes qui partent du pied de la cité même et vont s'étageant de cime en cime jusqu'à la dernière, dont la mince ligne, blanche d'une neige éternelle, se détache sur le fond bleu de l'horizon.

Souvenirs de Jeunesse.
Paris, Ollendorff, 1885.

A. VERNET

1885

En résumé, *Allobroges* du nord et du midi, *Romains* de toutes origines, *Vandales, Bourguignons, Goths, Lombards, Maures d'Afrique, Hongrois* et *Sarrasins*, voilà pour les dix premiers siècles de notre ère les peuplades qui apportèrent en *Dauphiné* leur sang, leurs mœurs, leurs coutumes; et aujourd'hui, on retrouve à *Grenoble* des types dénaturés de toutes ces races.

Ce mélange n'a pu que produire des caractères, des natures en tous points dissemblables. Aussi, les fantaisies, les volontés les plus opposées se heurtent-elles, sans cause apparente, sans motif compréhensible; l'un voit blanc, l'autre noir; celui-ci veut avancer à droite pendant que celui-là prétend reculer à gauche; et avec tous ces courants opposés, de forces à peu près égales et presque également motivées, on reste stationnaire, à moins qu'une volonté supérieure assez forte pour dominer le bruissement des petites ambitions ou des petits amours-propres ne vienne violemment s'imposer.

De semblables effets se rencontrent dans certaines grandes villes où les mélanges de races sont aussi importants qu'en *Dauphiné*. N'est-ce point à cette cause première qu'est due la ressemblance de caractère qui existe entre le *Parisien* et le *Grenoblois :* batailleur et poli, léger et amant des arts et des sciences, fin, rusé et sceptique.

Notes sur l'édilité grenobloise.
Grenoble, Allier.

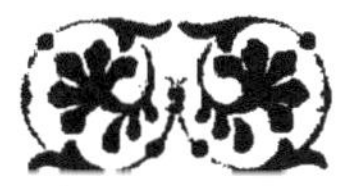

M. REYMOND

1885

NOTRE tâche est terminée, et nous voudrions, jetant une vue d'ensemble sur la route que nous venons de parcourir, essayer de déterminer les traits particuliers du caractère *dauphinois?* Nous pensons que cela est possible, à la condition de ne pas trop préciser, de s'en tenir à des données générales, sans vouloir supprimer les exceptions et chercher une unité absolue là où il y a toujours, comme dans toutes les manifestations de la vie, des variétés diverses. Et bien, il nous semble qu'on peut, en réunissant des noms tels que ceux de *Bayard, Lesdiguières, Berlioz, Stendhal, E. Augier, Condillac, Mably, Barnave, Mounier, Casimir Périer, Servien, de Lionne, Champollion,* dégager un caractère qui serait celui de la ténacité, avec toutes les qualités qui en sont la conséquence : la puissance, l'observation, la profondeur de l'esprit.

Les grands hommes du *Dauphiné* sont des hommes d'action, des tenaces acharnés dans leur labeur, ne reculant pas devant les vastes entreprises; ils marquent leur passage sur le terrain de l'histoire, comme un *Bayard* sur un champ de bataille.

Cependant ce n'est là qu'un côté du caractère *dauphinois*, le plus important sans doute, mais il en est un autre à signaler. Après les hommes d'épée et les hommes d'État du temps passé, il y a les artistes d'aujourd'hui ; à côté de la force, il y a la grâce, et si, dans la balance des destinées, le *Dauphiné* peut jeter l'épée d'un *Bayard*, elle peut avec un aussi légitime orgueil y mettre le pinceau d'un *Hébert*.

Notice sur Grenoble et ses environs.
Grenoble, Breynat, 1885.

DERENNES ET MENVIELLE

1886

LE sol produit une race d'hommes robustes, non point puissante comme dans certains pays où la vie est moins douce, mais douée de qualités de résistance remarquables, et qui n'est inférieure à aucune des situations que la destinée peut lui réserver.

Les mœurs y sont douces, mais la pauvreté du sol, la rudesse du climat et le manque d'industrie en chassent les habitants qui vont chercher fortune dans toutes les villes de France. Tous ne reviennent pas dans le pays.

Géographie du département des Hautes-Alpes, sans nom d'auteur (Derennes, inspecteur d'Académie, et Menvielle, publiciste).

Gap, Fillon, 1886.

Dicton de Grenoble (1).

A *Gap*, tout sur le dos;
A *Embrun*, tout dans le ventre;
A *Briançon*, tout dans la poche.

Vieux dicton.

Un vieux proverbe disait : « *Il faut trois Français pour tromper un Grenoblois, et trois Grenoblois pour tromper un Briançonnais.* »

Les premières fortifications de Briançon, par l'abbé Paul Guillaume.

Gap, Jouglard, 1879.

(1) J'ai trouvé ce dicton bien connu imprimé pour la première fois peut-être dans le volume suivant : *Voyage circulaire de Grenoble à Briançon*, par V. Brunet.

Grenoble, Gratier, 1889.

Les variantes sont nombreuses et toutes ne peuvent pas s'imprimer. (Note du compilateur.)

PREMIÈRE TABLE

DEUXIÈME TABLE

PARIS. — IMPRIMERIE CHAIX, 20, RUE BERGÈRE. — 29750-12-9.

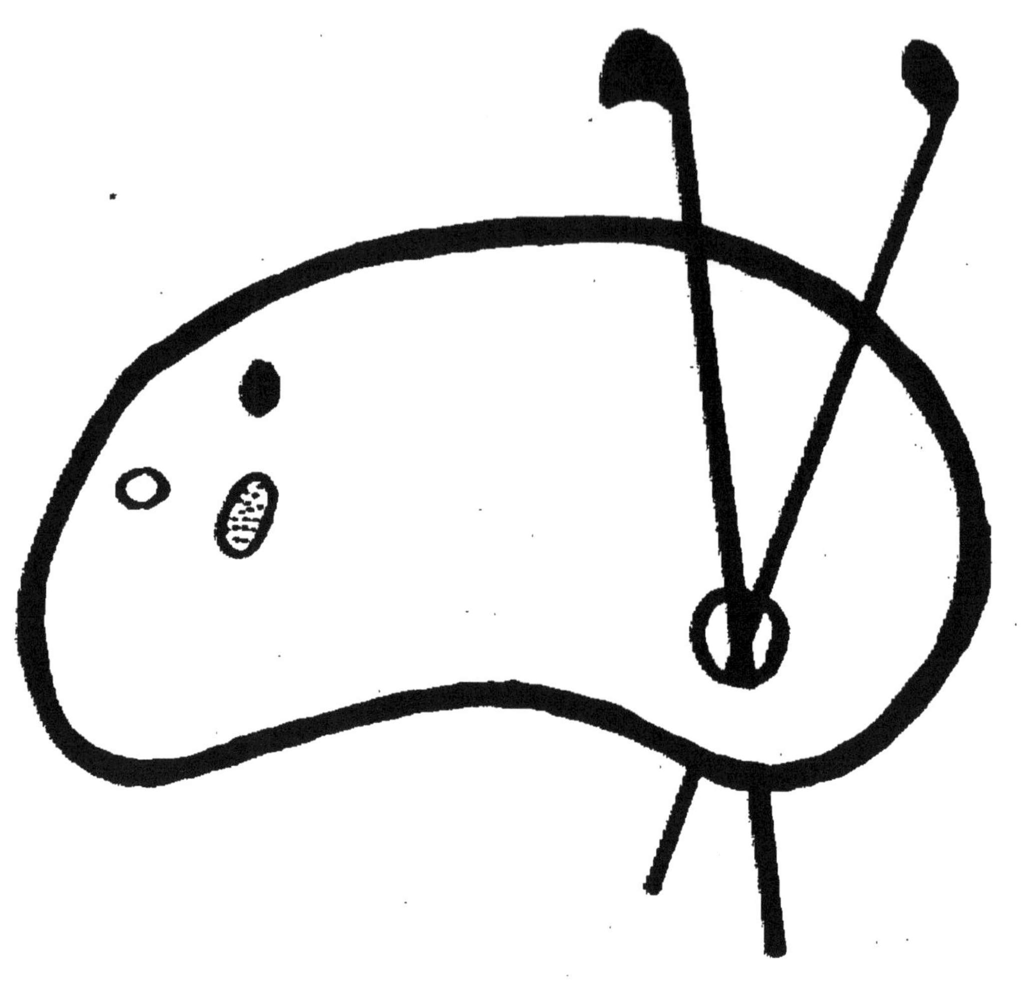

www.ingramcontent.com/pod-product-compliance
Ingram Content Group UK Ltd.
Pitfield, Milton Keynes, MK11 3LW, UK
UKHW022113190726
13855UKWH00002B/827